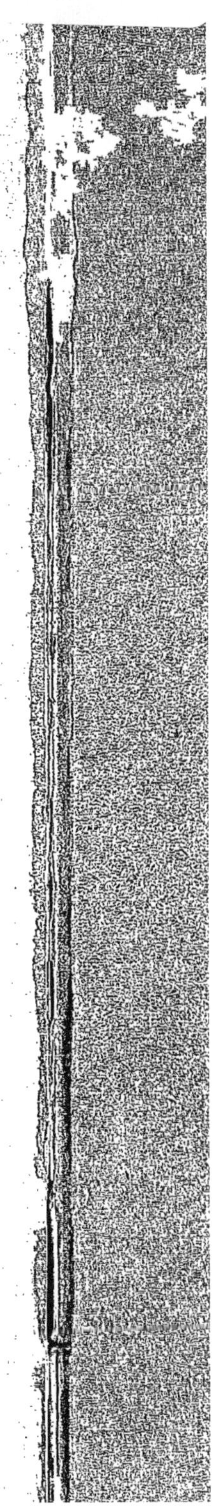

LES ANCIENS CLIMATS

ET

LES FLORES FOSSILES

DE L'OUEST DE LA FRANCE

PAR

LOUIS CRIÉ

PROFESSEUR A LA FACULTÉ DES SCIENCES
DIRECTEUR DE L'ÉCOLE BOTANIQUE
CHEF DES TRAVAUX MICROGRAPHIQUES A L'ÉCOLE DE MÉDECINE
DE RENNES.

Avec la reproduction de la plus ancienne plante terrestre connue.

RENNES

IMPRIMERIE E. BARAISE ET Cie, PLACE SAINT-MICHEL, 7.

PRINCIPAUX OUVRAGES DU MÊME AUTEUR

RECHERCHES SUR LA VÉGÉTATION DE L'OUEST DE LA FRANCE A L'ÉPOQUE TERTIAIRE. In-8° de 72 pages et 15 planches. Paris, 1878.

RECHERCHES SUR LES PYRÉNOMYCÈTES INFÉRIEURS DU GROUPE DES DÉPAZÉÉES. In-8° de 56 pages et 8 planches dont 2 coloriées. Paris, 1878.

ESSAI SUR LA VÉGÉTATION DE L'ARCHIPEL CHAUSEY (Manche), suivi d'une florule comparée des îles de la Manche (Jersey, Guernesey, Alderney et Serk). Caen, 1877.

BRYOLOGIE COMPARÉE DE LA SARTHE ET DE LA MAYENNE. Paris, 1874.

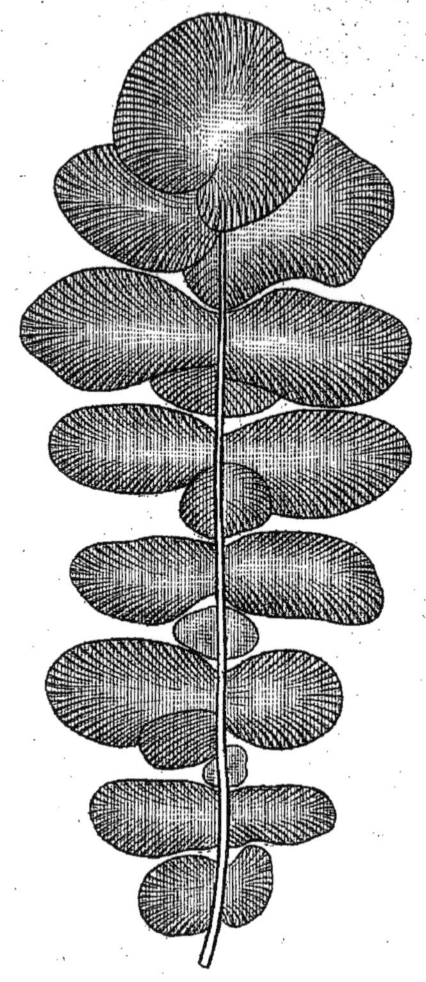

EOPTERIS CRIEI, Sap.

Fougère silurienne des schistes ardoisiers d'Angers
(zone *à Calymene Tristani*).
Fronde légèrement restaurée dans quelques-uns de ses détails secondaires.
(Réduction à 1/2.)

Les *EOPTERIS* représentent les plus anciennes plantes terrestres connues.

LES ANCIENS CLIMATS

ET

LES FLORES FOSSILES

DE L'OUEST DE LA FRANCE

PAR

LOUIS CRIÉ

PROFESSEUR A LA FACULTÉ DES SCIENCES
DIRECTEUR DE L'ÉCOLE BOTANIQUE
CHEF DES TRAVAUX MICROGRAPHIQUES A L'ÉCOLE DE MÉDECINE
DE RENNES.

Avec la reproduction de la plus ancienne plante terrestre connue.

RENNES

IMPRIMERIE E. BARAISE ET Cie, PLACE SAINT-MICHEL, 7.

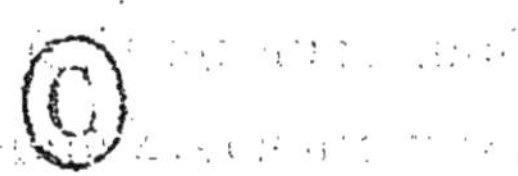

A

M. ALBERT GUILLIER

Plus d'une fois vous retrouverez dans ces pages le souvenir de nos entretiens sur les origines de la vie, la succession des faunes et des flores et les révolutions physiques de notre vieux pays. Cherchons toujours. Il faut que vous découvriez quelque nouvelle faune silurienne, que vous fixiez l'âge des porphyres de l'Ouest, que vous nous appreniez la formation des plateaux crétacés de la Sarthe. Il faut que M. Chaplain-Duparc fouille les grottes de Saulges et de Sainte-Suzanne (Mayenne), pour y rechercher les restes de cette humanité primitive qui a précédé sur notre sol l'arrivée des Kymris ; qu'une nouvelle exploration lui aide à ressusciter les mœurs des troglodytes ; qu'il interroge enfin, sous les caractères variés de chaque époque, la vieille énigme de la vie. Il faut qu'en possession de nouveaux documents paléontologiques, je puisse reconstituer les anciens climats et les flores fossiles de l'Ouest de la France. Explorons en géologues le grès armoricain, la plaine de Conlie, les collines de Domfront et nos plateaux cénomaniens riches de beaux sites et de grands souvenirs. Que ces terrains nous rendent les débris qu'ils recèlent. On ne sait pas ce que cache l'antique terre du Mans où croissaient à l'envi les palmiers, les fougères tropicales, les plaqueminiers et les lauriers-roses éocènes. Je compterai toujours parmi les heures les plus heureuses de ma jeunesse celles que j'ai passées à restaurer cette luxuriante végétation qui, des siècles et des siècles avant l'apparition de l'homme, s'agita longtemps sous le poids de ses richesses inactives. Que de fois et de longues journées je me suis oublié à Sargé et à Fyé, encouragé par des découvertes tout inattendues! Sûrement, vos impressions personnelles ont été telles sur les splendeurs d'un passé dont nous avons mille fois causé ensemble.

Adieu, redoublons de travail.

INTRODUCTION

Je me propose de faire connaître l'origine et le développement de l'ancienne végétation de la France occidentale. Ces études sont fort instructives. Elles permettent d'établir la parenté des espèces dans l'espace et dans le temps ; elles montrent que le passage des flores fossiles à la flore actuelle ne s'est pas fait par des coups brusques, par des créations nouvelles, ou, qu'un type quelconque une fois constitué, ne s'est pas continué avec inflexibilité à travers les âges. Appliquée aux flores fossiles, la morphologie fournit les preuves de la mutation lente et à peine sensible des formes spécifiques. Nous voyons tout *in fieri* au lieu de tout voir *in esse*. Nous saisissons un processus où tout se lie, où chaque type a sa raison d'être dans un prototype antérieur.

Les éléments de ces anciennes flores ont d'ailleurs subi des vicissitudes très-diverses. Les *Lepidodendron*, type archaïque s'il en fut jamais, se sont brisés tout net, comme les trilobites siluriens, vers la fin des temps paléozoïques ; l'existence de ces gigantesques lycopodes n'a été que virtuelle. Les *Phyllotheca* jurassiques sont éteints depuis longtemps. Des genres naguère puissants (*Araucaria*, *Podocarpus*) dans l'Ouest de la France ont déserté notre hémisphère pour la zone australe : les *Araucaria* de la Nouvelle-Calédonie survivent à l'extinction du groupe. Plusieurs ont trouvé asile aux Canaries, en Afrique et sur le littoral méditerranéen. Les ancêtres du laurier-rose et du laurier-noble vivaient dans la Sarthe, par le 48° de latitude, vers le milieu des temps tertiaires ; du laurier-rose de la Sarthe éocène au laurier-rose actuel nous saisissons les phases d'un développement commencé depuis des milliers de siècles. D'autres enfin sont devenus américains et asiatiques. Les premiers chênes qui ont habité le Maine et l'Anjou, lors de l'éocène, étaient des chênes saliciformes ou à feuilles entières élargies : souche présumée de ces essences toujours vertes particulières au Mexique et au Japon. Sûrement, la Sarthe possédait encore des formes voisines des *Castanopsis* de l'Inde.

Tous ces types ont déserté notre région où les chênes sont représentés par l'yeuse, le cerris et le rouvre. L'yeuse est descendue du *Quercus præcursor,* forme pliocène de Meximieux. Le rouvre, qui constituait d'obscures forêts avant l'arrivée de la famille kymrique en Armorique, se maintient toujours à l'aide des avantages qu'il possède sur le cerris. J'ai vu, sur plusieurs points de la Sarthe, quelques cerris échappés à la concurrence des rouvres, se perpétuer depuis longtemps déjà, grâce à des habitudes particulières. La rareté de cette essence est le précurseur de son extinction totale dans l'Ouest de la France.

A d'autres égards, les études paléontologiques sont encore pleines d'enseignements. Outre qu'elles fournissent les plus anciens documents de l'histoire de la vie, elles laissent percevoir à travers le voile derrière lequel se déroule la série des siècles, les lois physiques dans leur grandeur et leur universalité.

CHAPITRE PREMIER

ÉPOQUE PALÉOZOÏQUE

Flore silurienne d'Angers (Maine-et-Loire).

La naissance de la vie se perd dans l'infini de durée et la végétation est plus ancienne qu'on ne le supposait; des indices nombreux et concordants reportent au milieu des temps siluriens l'existence de la flore terrestre (1). Avant la fin de l'époque primordiale, période d'une effrayante longueur s'il en fut jamais, croissaient à Angers (horizon du *Calymene Tristani*, Br.) de grandes fougères prototypiques *(Eopteris)* (2)

(1) Représentée tout d'abord par des algues unicellulaires, la vie végétale est peu à peu sortie de l'élément liquide, son premier berceau. Plusieurs *Caulerpa* des mers du Sud rappellent les Bilobites *(Cruziana)* du grès armoricain. Quant aux *Tigillites*, nous les tenons, — celles du moins dont nous avons pu étudier la structure, — pour des plantes d'une nature très-énigmatique.

(2) Du grec : ἕως aurore; πτερίς fougère.

qui représentent les premières plantes terrestres connues. L'*Eopteris Criei* SAP., figuré en tête de ce mémoire, retrace les caractères du nouveau genre récemment établi par M. de Saporta (1). La fronde, longue de vingt centimètres sur une largeur moyenne de six à huit centimètres, comprend un rachis mince, d'une épaisseur uniforme dans toute son étendue. Le pétiole supporte sept paires de folioles opposées, ovales, arrondies, parcourues de nervures fines, flabellées, dichotomes, et des segments ou appendices entremêlés; cette singulière organisation permet de distinguer les Eopteris.

Toutes les empreintes que nous possédons sont caractérisées par des auricules qui alternent régulièrement *(E. Criei* SAP.*)* ou irrégulièrement *(E. Morierei* SAP.*)* avec les folioles. Plusieurs *Cardiopteris* dévoniens accusent une tendance vers une semblable structure, et la filiation déjà entrevue de nos fou-

(1) Voy. G. de Saporta : *Sur une nouvelle découverte de plantes terrestres siluriennes dans les schistes ardoisiers d'Angers,* due à M. Louis Crié. Comptes rendus des séances de l'Académie des sciences, séance du 18 novembre 1878.

gères paléozoïques permet de considérer les *Eopteris* comme représentant la souche ancestrale d'où les *Cardiopteris* et les *Cyclopteris* dévoniens seraient plus tard dérivés. Les schistes d'Angers nous ont encore offert des organes linéaires parsemés de stigmates aréolés analogues aux *Stigmaria* et comparables aux *Didymophyllum*.

La découverte d'une première flore silurienne constitue un événement scientifique d'une haute importance. On ne pourrait plus dire aujourd'hui que les plantes carbonifères, ni même les dévoniennes, aient été les premières. Les *Eopteris* de Trélazé, près Angers, font reculer bien plus loin qu'on n'est porté à le supposer l'existence des organismes terrestres sur notre planète.

FLORES

Anthracifère de Solesmes (Sarthe) **et suprà-houillère de Saint-Pierre-Lacour** (Mayenne).

Pénétrons au sein des forêts carbonifères de Solesmes (Sarthe) et de Saint-Pierre-Lacour (Mayenne), où s'établirent les associations végétales de ces âges mystérieux.

Dans l'ancien paysage de Solesmes, tout n'est qu'ombre, solitude. De grands arbres s'élancent en puissantes colonnes : ce sont des *Sigillaires* au tronc cannelé avec leurs appareils radiculaires, ou *Stigmaria;* des *Lepidodendron,* lycopodes arborescents perfectionnés, et des prêles gigantesques à l'allure immobile et sombre. Gymnospermes (1) et cryptogames vasculaires (2) luttent de grandeur et de force. Les lépidodendrées, que caractérisent de longs rameaux

(1) Je crois utile de rappeler que l'embranchement des phanérogames se subdivise en deux groupes très-inégaux : les gymnospermes et les angiospermes. Chez les gymnospermes, qui comprennent les trois familles des cycadées, des conifères et des gnétacées, le grain de pollen est mis directement en contact avec l'ovule nu ou incomplétement enveloppé. Chez les angiospermes, le grain de pollen ne pénètre jusqu'à l'ovule qu'après avoir cheminé à travers les parois d'un sac ovarien.

(2) Les cryptogames vasculaires sont les plus élevées en organisation (fougères, prêles, lycopodes, etc.). Parfois même elles peuvent égaler certaines phanérogames par la complexité de leur structure. Ce qui les différencie essentiellement, c'est leur reproduction qui s'opère à l'aide d'anthérozoïdes et d'archégones développés sur un prothalle ou proembryon, véritable individu sexué. Ainsi les fou-

avec coussinets et strobiles à sporanges distribués selon le sexe, rappellent les araucariées. Il existe entre ces lycopodes prototypiques et certaines conifères une telle conformité d'aspect extérieur qu'il vient naturellement dans la pensée de les faire dériver ensemble d'un ancêtre commun.

Rien, non plus, ne saurait donner l'idée de ce qu'étaient les calamites ; leurs tiges fistuleuses, pleines de moelle et gorgées de sucs, munies de ponctuations tuberculeuses disposées autour des diaphragmes, se développaient sous l'impulsion d'une tiède humidité et baignaient dans les vapeurs d'une atmosphère basse et lourde.

En présence de ces hautes colonnes rectilignes, il

gères présentent une génération alternante à double phase. La spore fécondée sur le prothalle produit un individu asexué : la fougère, que tout le monde connait. Bientôt se détachent de la face inférieure des feuilles ou *frondes* un nombre incalculable de spores, petites vésicules microscopiques toutes capables, sans fécondation préalable, de germer sur la terre humide et de produire autant de prothalles chargés chacun de donner naissance à l'individu définitif, c'est-à-dire à la vraie fougère.

semblerait que la nature se soit plu à répéter la ligne droite. Le carbonifère représente, à mon sens, le berceau de l'architecture végétale. Avec lui commence l'ordre dorique de la végétation, le plus simple, le plus pauvre de tous. Il y a loin des calamites primitives aux cirses et aux acanthes actuelles, dont le feuillage si finement ciselé inspira à l'architecture gothique ses délicates arabesques.

A Solesmes se développent, abritées par les sigillaires, d'autres formes qui ne manquent pas de quelque grâce : ce sont des fougères, et notamment des *Sphenopteris* aux pinnules dentées, des *Pecopteris* (1) et divers types assimilés aux fougères arborescentes des îles intertropicales de la Nouvelle-Zélande. Vainement y chercherait-on des *Asterophyllites*, calamites amoin-

(1) Les belles études de M. Grand'Eury nous ont appris que les fougères paléozoïques ne sauraient être assimilées aux polypodiacées, qui comprennent de nos jours la presque totalité des fougères vivantes. Après avoir constaté l'absence de toute trace d'anneau (sur les capsules soudées en un *synangium* ou organe complexe pluriloculaire) dans les *Pecopteris* carbonifères, le savant ingénieur de Saint-Etienne range la masse principale des pécoptéridées auprès des marattiacées.

dries, remarquables par leurs verticilles de feuilles linéaires. Au sein des lagunes ne flottent point encore les *Annularia* et les *Sphenophyllum* qui plus tard, vers l'époque du suprà-houiller, épanouirent à la surface des eaux leurs épis fructificateurs.

Sur l'ancienne terre carbonifère de Saint-Pierre-Lacour (Mayenne), de Littry (Calvados), du Plessis (Manche) : calamites, sigillaires, fougères arborescentes constituent encore le fond du paysage. Cependant les *Lepidodendron* sont relégués au deuxième plan ou remplacés par des calamariées jusqu'alors inconnues. Pour la première fois apparaissent les *Asterophyllites* aux tiges élancées, rappelant les rotangs des forêts tropicales, les *Annularia* à demi submergés, les *Sphenophyllum*, plantes grâcieuses entre toutes dont nos *Salvinia* ne seraient que des représentants rabougris. Les *Cordaïtes*, qui durent jouer un rôle si remarquable lors du phénomène de la formation des houillères de Saint-Etienne, ont tenu leur place à Saint-Pierre-Lacour. Il est permis de voir dans ces gymnospermes prototypiques la plus lointaine expression des salisburiées. Effectivement, le *Ginkgo biloba* (1) L., arbre japonais d'un port tout spécial qui ne rappelle en rien les conifères, constitue par ses inflorescences très-réduites, analogues à celles des *Cordaïtes*, et surtout par ses drupes comparables aux fruits des *Cardiocarpus* du terrain houiller, un type des plus étranges, une sorte d'anachronisme vivant au milieu de nos arbres verts. La présence des *Nœggeratia* ne paraît pas avoir été constatée d'une façon certaine dans les bassins houillers de l'Ouest de la France. Ce groupe très-hétérogène comprenait des cryptogames vasculaires et aussi des gymnospermes : cycadées, subconifères et conifères.

Tels étaient les éléments constitutifs de l'ancienne végétation de Solesmes et de Saint-Pierre-Lacour.

Seule au monde, la flore actuelle de la Nouvelle-Zélande, avec ses *Dicksonia*, ses lianes forestières ou

(1) Le *Ginkgo biloba* L. *Salisburia adiantifolia* Sm. possède des feuilles alternes, simples, bilobées, sans stipules et caduques. C'est l'unique représentant d'une section de conifères à fruits simples *(dialycarpées gymnopodées)*, caractérisée par des ovules portés sur des pédoncules dépourvus de bractées. Cet arbre dioïque est regardé comme sacré par les Japonais qui le plantent autour de leurs temples.

Freycinetia, genre de palmiers de l'Archipel Indien, ses conifères pourvues de feuilles élargies *(Dammara)* et de rameaux aplatis *(Phyllocladus)* (1), reproduit assez fidèlement l'aspect des paysages paléozoïques. Cryptogames vasculaires et gymnospermes constituent en partie les forêts Néo-Zélandaises où les essences angiospermes présentent des types à fleurs nues, souvent unisexuelles et dès lors incomplétement organisées. Point d'organes colorés, peu de fleurs à nectaires pour attirer les insectes suçeurs dans ces fourrés inaccessibles où l'œuvre de la fécondation est abandonnée aux vents. A cet égard, il est intéressant de constater que les principaux insectes observés dans les terrains houillers sont, après les blattes qui constituent à elles seules plus de la moitié des espèces, des sauterelles, des termites et des libellules, c'est-à-dire des insectes broyeurs, mangeurs de bois et de

(1) Bizarre d'aspect, le *Phyllocladus rhomboïdalis*, confiné dans l'hémisphère austral, est un grand arbre monoïque qui ne rappelle guère les conifères. Les organes foliaires sont réduits à des écailles, et à leur aisselle naissent des rameaux phyllodés trop souvent pris pour les feuilles.

feuilles. Quant aux hyménoptères, lépidoptères, diptères, leur existence est à constater avant le lias.

Lors du carbonifère, il existait une terre polaire.

L'explorateur de ces temps antiques aurait pu voir sous les hautes latitudes, régions aujourd'hui mortes à la vie végétale, de grandes et belles fougères arborescentes auxquelles s'associaient, comme à Solesmes, de puissantes lepidodendrées et des prêles gigantesques. Au Spitzberg, vers le 80e degré, aux îles Parry (76°), à l'île des Ours (74°), aux Etats-Unis (32°), à Madagascar, aux îles Fidji (16°-20° lat. sud), en Angleterre, en Allemagne, en Belgique; en France près de Saint-Etienne, ou dans l'Ouest, aux environs de Solesmes (Sarthe), de Saint-Pierre-Lacour (Mayenne), de Littry (Calvados), du Plessis (Manche), de Quimper (Finistère), de Chantonay (Vendée), etc., partout, sauf d'insignifiantes variations, la vue du paysage paléozoïque reste la même. L'universalité d'une chaleur égale mais non excessive durant l'époque des houilles, l'existence d'une lumière très-abondante bien que diffuse, une autre composition de l'atmosphère, l'égalité parfaite de la température (25° à 30°) et du climat, telles sont les conditions qui paraissent résulter de l'étude comparative des flores fossiles carbonifères.

N'oublions pas que cette égalité du climat, dans le sens des latitudes, persistera fort longtemps encore. Nous verrons, d'ailleurs, que les fougères arborescentes, les lepidodendrées, les sigillaires et les calamites de Solesmes et de Saint-Pierre-Lacour n'ont pas exigé une somme de chaleur plus intense que les cycadées jurassiques de Mamers et de Maigné (Sarthe), les palmiers sabals, les fougères tropicales et les lauriers-roses éocènes du Mans et d'Angers.

FLORE ANTHRACIFÈRE

De Solesmes (Sarthe).

CRYPTOGAMÆ.

Calamariæ.

Calamites dubius, *Artis.*
Bornia transitionis, *Gopp.*

Filicaceæ.

Sphenopteris Hœninghausi, *Brongn*
— elegans, *Brongn.*
— furcata, *Brongn.*

Selagineæ.

Lepidodendron erectum, *Brongn.*
— Lorierei, *Brongn.*
— gracile, *Lindl.*

PHANEROGAMÆ.

Dicotyledones gymnospermæ.

Sigillariæ.

Sigillaria tesselata, *Brongn.*
— Guerangeri, *Brongn.*

Stigmariæ.

Stigmaria ficoïdes, *Brongn.*

FLORE HOUILLÈRE SUPÉRIEURE

De St-Pierre-Lacour (Mayenne).

CRYPTOGAMÆ.

Calamariæ.

Calamites cruciatus.
Annularia longifolia, *Brongn.*
Sphenophyllum angustifolium, *Germ.*
— oblongifolium, *Germ.*
— Thonii, *Mohr.*

Filicaceæ.

Pecopteris cyathea, *Brongn.*
— Candolleana, *Brongn.*
— hemitelioïdes, *Brongn.*
— euneura, *Schimp.*
Psaroniaucaulon sulcatum, *Gr.*
Odontopteris Reichiana, *Gutb.*

PHANEROGAMÆ.

Dicotyledones gymnospermæ.

Sigillariæ.

Syringodendron alternans, *Stern.*

Cordaïtæ.

Cordaïtes affinis, *Gr.*

CHAPITRE II

ÉPOQUE SECONDAIRE

Flore jurassique de Mamers (Sarthe).

Placée, comme un trait d'union, entre les époques les plus reculées et les temps où la vie se manifesta sous des formes déjà plus voisines de celles que nous avons sous les yeux, la période jurassique est en même temps une des plus originales par les contrastes inouis dont elle offre l'exemple. Gigantesque et bizarre dans ses productions, à bien des points de vue elle se montre, à d'autres égards, dit M. de Saporta, indigente, monotone et amoindrie.

Non loin de la mer oolithique, où pullulaient des echinides et des cœlentérés, l'observateur aurait vu se dérouler devant lui une morne succession de collines littorales sablonneuses et calcaires. Mamers était alors le séjour du calme le plus profond. Çà et là le sol accidenté et privé de fraîcheur disparaissait sous la chétive verdure des conifères, des cycadées (1) et des fougères.

(1) Les *Platylepis* du lias moyen de Tournay-sur-Odon (Calvados), sont vraisemblablement les premières cycadées jurassiques de notre pays.

Des plantes aux tiges trapues, rigides, recouvertes de feuilles scutiformes prolongées en une sorte de cuirasse continue, végétaient sur la lisière de l'ancienne forêt mamertine : tels étaient les *Brachyphyllum*, conifères essentiellement jurassiques, représentés par le *B. Desnoyersii*, dont nul type ne retrace actuellement l'aspect.

Il faut que l'imagination suppose des végétaux bizarres, alliés aux *Arthrotaxis* antarctiques, tenant des *Araucaria* du Brésil, des *Dammara* australiens et des Sciadopitys (1) de l'extrême Asie, comparables par leur port à certaines valérianes du détroit de Magellan : véritables miniatures des *Brachyphyllum* jurassiques.

A côté d'eux croissaient des cycadées, sorte de petits palmiers rappelant les fougères par leur vernation

(1) Chez les aciculariées syncarpées ou conifères vraies, le *Sciadopitys verticillata* constitue également un type fort singulier. Ses feuilles apparentes ne sont que des phyllodes résultant de la soudure de deux aiguilles, alors que les feuilles sont réduites à l'état d'écailles ; par la nature de son fruit, le *Sciadopitys* ramène l'esprit vers les Sequoia. M. de Saporta fait très-justement observer que c'est là un type ambigu et intermédiaire comme il a dû en exister beaucoup autrefois.

circinée et que la structure des organes reproducteurs rattache incontestablement aux conifères. Des fougères maigres et coriaces complétaient l'ensemble ; il convient de citer les *Lomatopteris*, genre tout oolithique à segments uninerviés bordés d'un repli marginal. Sans représentant direct dans la flore actuelle, le L. *Desnoyersii* SAP., recueilli plusieurs fois à Mamers, dénote un type d'un caractère tropical bien prononcé, voisin des *Cheilanthes*.

Nos cycadées jurassiques méritent d'être l'objet d'un examen particulier. Parmi ces gymnospermes prédominaient des formes cylindriques, subnidiformes ou bulboïdes. Les *Cycadites* (1) munis de feuilles raides, coriaces, à pinnules uninerviées, comme celles des Cycas de l'Inde et de la Nouvelle-Hollande, sont connus à Mamers.

D'autres formes, assimilées aux *Zamia* américains, étendaient sur le sol leurs frondes trapues. Les *Otoza-*

(1) Genre observé dans le *Rhétien*, le *Lias inférieur*, l'*Oolithe*, le *Néocomien* et le *Cénomanien* de Sainte-Croix près le Mans, où il est représenté par un type fort curieux : le *Cycadites Cenomanensis* Nob. (collect. Ed. Gueranger).

mites, groupe très-nombreux parmi les cycadées de l'ancien monde, comptent plusieurs espèces ; l'élégance de l'*O. microphylla* Sap. le distingue entre toutes.

Alliés de près aux précédents, les *Sphenozamites* privés d'auricules en diffèrent par de larges et gracieuses frondes ; le *S. Brongniarti* Sap. représente dans cette florule le type le plus achevé des cycadées secondaires.

De nouvelles tiges bulboïdes strobiliformes, récemment découvertes, doivent être rapportées aux *Bolbopodium* Sap. Ces plantes tenaient leur place dans le paysage oolithique où le *B. Mamertinum* Crié, se cachait sous les frondes plus larges de ses congénères (1).

Moins nombreuses sur divers points de notre vieux pays, les cycadées offraient d'autres formes qui paraissent manquer à Mamers. Le *Cycadites Saportana* Crié recouvrait les collines jurassiques de Maigné,

(1) L'ancienne terre jurassique de Poitiers (Vienne) a possédé plus tard des *Bolbopodium,* des *Otozamites* et des *Fittonia.* Ces derniers ont été observés dans les argiles oxfordiennes de Villers-sur-mer (Calvados).

(Sarthe). Ailleurs, de puissantes espèces aux tiges massives, trapues, cylindriques, revêtues d'appendices corticaux simulant l'apparence d'un grillage, végétaient lentement par suite de la multitude des écailles étroitement serrées. Le *Clathropodium Trigeri* SAP. constitue dans ce singulier groupe la forme la plus remarquable ; les détails de structure, admirablement conservés, montrent qu'il existe une étroite analogie entre ces tiges fossiles et les troncs des *Encephalortos* africains. Les *Cylindropodium,* genre non moins curieux, rappelaient plutôt par leur mode de croissance les *Macrozamia* australiens.

Mamers fut donc, dans le temps, la terre des cycadées, de même que le Mans devint, des milliers de siècles plus tard, la terre des palmiers.

L'existence de ces gymnospermes mêlées avec les débris de grands reptiles qui habitent maintenant les contrées équatoriales, constitue l'argument le plus sérieux que l'on puisse invoquer en faveur de la haute température de notre pays à l'époque jurassique. Les restes d'Enalosauriens *(Ichthyosaurus, Plesiosaurus)* au sein des couches oolithiques circumpolaires, la présence de cycadées, de fougères et conifères semblables à celles du bathonien de Mamers, sont autant d'indices de l'égalité du climat.

L'hypothèse du redressement de l'axe terrestre nous paraît insuffisante pour expliquer l'élévation ancienne de la température et l'annulation longtemps persistante de l'influence des latitudes. L'explication, s'il en existe une, doit être cherchée dans l'ensemble même des phénomènes à la fois comiques et géologiques. Une autre source d'égalisation calorique, plus efficace que toutes les autres, réside dans le soleil lui-même, dont la condensation — dit M. de Saporta — a dû suivre la même marche que celle de notre planète, et surtout s'accomplir avec une lenteur proportionnée à la masse énorme de l'astre central. Cette condensation, aujourd'hui loin de son terme final, était bien moins avancée encore lors de l'époque secondaire.

Selon toutes les probabilités, le soleil projetait sur le ciel jurassique un disque démesuré ; brillant d'une lumière plus calme que maintenant, il répandait sur les zones des clartés moins vives et une chaleur moins concentrée, mais suffisante pour égaliser les climats en éliminant l'influence des latitudes ; enfin il ne quittait l'horizon que pour y laisser après lui des crépuscules dont rien actuellement ne saurait nous donner qu'une faible image.

Flore jurassique de Mamers (Sarthe).

CRYPTOGAMÆ.

FILICACEÆ.

Lomatopteris Desnoyersii, *Sap.*

PHANEROGAMÆ.

Dicotyledones gymnospermæ.

CONIFERÆ.

Brachyphyllum Desnoyersii, *Sap.*

CYCADEÆ.

Otozamites graphicus, *Schp.*
— Brongniarti, *Schp.*
— Bechei, *Brongn.*
— microphyllus, *Brongn.*
— marginatus, *Sap.*
— Reglei, *Sap.*
— Mamertina, *Crié.*
— lagotis, *Brongn.*
Cycadites Delessei, *Sap.*
— Saportana, *Crié.*
Zamites Mamertina, *Crié.*
Bolbopodium Mamertinum, *Crié.*

Flore crétacée du Mans.

Un intervalle immense nous sépare du jurassique. Le temps a marché depuis le bathonien de Mamers, et vers l'horizon de la craie glauconieuse, nous touchons au moment où une révolution profonde va s'opérer dans le règne végétal. L'invasion de notre pays par les eaux cénomaniennes coïncide avec l'époque où les dicotylédones angiospermes se répandirent pour la première fois en Europe. Le cénomanien est effectivement leur berceau ; vainement en chercherait-on de plus reculées dans le passé.

Transportons-nous vers Sainte-Croix, près le Mans, sur les rivages de la mer où pullulent de nombreux poissons ganoïdes et placoïdes, des crustacés (1), des echinodermes et d'innombrables cœlentérès (2). Au

(1) Nous citerons parmi les crustacés cénomaniens les plus remarquables : *Petrocarcinus Trigeri* Milne Edw., *Necrocarcinus inflatus* M. E., *Palæoplax Trigeri* M. E., *Psammocarcinus granulosus* M. E., *Palæcorystes Trigeri* M. E., *Hoploparia Trigeri* M. E., *Callianassa Cenomanensis* M. E.

(2) Voyez le *Répertoire paléontologique* de M. Ed. Guéranger. Le Mans, 1853.

centre du paysage s'élèvent les plus anciens palmiers auxquels s'associent un *Zamiostrobus* et un *Cycadites,* derniers représentants des cycadées dans la Sarthe. Les fougères se montrent toujours ; le type essentiellement jurassique des *Lomatopteris* s'est éteint pour faire place au groupe plus cosmopolite des osmondes. Puissantes et variées sont les conifères. Non loin de la mer s'élève un bois où dominent des pins alliés aux *Pseudostrobus,* des *Widdringtonia* et de magnifiques *Araucaria* d'affinité australienne. Une dicotylédone angiosperme (Magnolia ?) complète l'ensemble.

Reprenons en détail les principaux types de cette flore. Le *Palæospathe Sarthacensis* Crié, représente les parties de la fructification du premier palmier qui ait habité notre pays. Cet organe rappelle les jeunes spadices des *Sabals* et des *Phœnix* avant le développement du rachis. La large ouverture offerte par la graine fossile pourrait correspondre au micropyle très-accentué d'ordinaire sur les graines des palmiers. Nous devons la communication de cette précieuse empreinte à M. Soye, qui l'a découverte dans les couches crétacées de la Butte, près le Mans.

A l'époque jurassique, les cycadées tenaient une large place dans la végétation cénomanienne. Elles se montrent dès la grande oolithe de Mamers; plus tard, vers l'horizon de la craie glauconieuse, nous retrouvons aux environs du Mans, les *Cycadites Sarthacensis* Crié et *Androstrobus Guerangeri* Sap., derniers représentants des cycadées dans la Sarthe. Éliminées peu à peu de notre pays, ces gymnospermes sont actuellement dispersées par petits groupes sur les continents voisins des tropiques. Certains types habitent l'Amérique, d'autres l'Asie; il en est enfin qui s'avancent en Australie jusqu'au 18° de latitude sud.

Le genre *Cycas*, dont une espèce *(Cycas revoluta)* est indigène ou naturalisée en Chine et au Japon, se range naturellement à côté des *Cycadites* de l'oolithe de Mamers et du cénomanien de Sainte-Croix (Sarthe). La filiation très-instructive et à peine entrevue des *Cycadites*, dans les temps géologiques, permet de signaler de réelles affinités avec le *Cycas revoluta*, leur analogue parmi les cycadées de l'ancien monde.

La nature coriace des frondes fossiles du *Cycadites Delessei* Sap., résulte de l'examen des empreintes provenant de la grande oolithe de Mamers. Ces frondes possédaient un rachis épais, à pinnules étroites, linéaires, plus ou moins ascendantes selon l'âge et les espèces. L'insertion exactement basilaire témoigne de leur persistance sur le rachis. La nervure médiane, fort appréciable, s'étend d'un bout à l'autre des pinnules, alors qu'une bordure parenchymateuse en cerne les bords. Cette structure se retrouve chez nos *Cycas* actuels, et parmi eux, le *Cycas revoluta* est l'espèce qui paraît s'en rapprocher le plus près. Les pinnules du *C. Delessei* sont lancéolées obtuses, insérées à angle droit et séparées les unes des autres par un intervalle notable. Chez le *Cycadites Saportana* Crié, observé dans l'oolithe de Maigné (Sarthe) par notre savant collègue et ami M. Guillier, le rachis épais supporte des pinnules rapprochées formant un angle très-aigu; il se peut que ce fragment représente une jeune fronde.

Le *Cycadites Sarthacensis* Crié, forme des plus curieuses recueillie par M. Guéranger dans la craie glauconieuse de Sainte-Croix, se rapporte, comme le précédent, au type du *Cycadites rectan-*

gularis. Disons, toutefois, que l'empreinte cénomanienne se distingue immédiatement par l'écartement considérable et le mode d'insertion de ses pinnules très-aiguës. Ce sont là de faibles modifications de détail qui semblent rapprocher davantage encore le *Cycadites Sarthacensis* du *Cycas revoluta*.

Le genre Cycadites, représenté pour la première fois par les deux espèces oolithiques précitées, s'est prolongé jusqu'au crétacé. Le *Cycadites Sarthacensis* Crié, qui habitait la Sarthe vers la fin des temps secondaires, vivait sur le sol crétacé de Sainte-Croix à côté de l'*Androstrobus Guerangeri* Sap. Cet appareil si curieux, ou androphylle d'une cycadée dont les organes de la végétation ne nous sont pas encore connus, représente l'écaille anthérifère d'un cône. Le carpophylle crétacé montre un appendice court, renflé en *pelta*, ainsi qu'on l'observe chez les *Zamia*. Par l'organisation de ses androphylles, la Cycadée de Sainte-Croix paraît toucher de près aux *Dioon* et aux *Zamia*. Son mode de pollinisation se laisse d'ailleurs en quelque sorte deviner : le grain de pollen était en communication avec le sommet du nucelle par l'ouverture micropylaire, sorte de tube béant surmontant l'ovule. Si l'on considère qu'il s'agissait d'une cycadée à ovules retournés dans un cône exactement clos et peut-être recouvert d'une pubescence serrée *(Dioon, Encephalartos)*, on admettra, sans invoquer l'intermédiaire des insectes, l'imprégnation directe comme pouvant seule amener le développement de l'embryon. Par leur singulière conformation et la nature des logettes grandes et arrondies qu'ils supportent, les androphylles de l'*Androstrobus Guerangeri* rappellent incontestablement ceux des *Dioon*, dont les frondes possèdent des nervures longitudinales simples, égales et parallèles. C'est pourquoi nous serions tentés de mettre le *Cycadites Sarthacensis* en connexion avec l'organe mâle observé dans les mêmes couches crétacées. De nouvelles recherches feront peut-être découvrir les *Cycadospadix* SAP. ou carpophylles des *Cycadites.*

L'*Androstrobus Guerangeri* croissait, à l'époque de la craie glauconieuse, en compagnie des plus anciens palmiers *(Palæospathe Sarthacencis* CRIÉ), des premières dicotylédones angiospermes *(Magnolia ?*

Sarthacensis Crié), non loin d'un bois de conifères où dominaient des pins alliés aux *Pseudostrobus*, des *Widdringtonia* et de magnifiques *Araucaria* d'affinité australienne.

De même que chez nos *Cycas* actuels, les *Cycadites* dont les empreintes sont à peine connues différaient notablement entre eux, et, sans prétendre qu'il puisse être question de plantes congénères, on ne saurait méconnaître que les *Cycadites* fossiles de la Sarthe se placent sans effort à côté des cycas; nous pouvons même ajouter que le *Cycas revoluta* est l'espèce qui retrace le plus exactement les caractères offerts par ces gymnospermes de l'ancien monde.

En France, le genre *Cycadites* semble s'être montré, pour la première fois, dans le lias inférieur de la Moselle; les horizons géologiques successifs des cinq espèces françaises jusqu'aujourd'hui connues sont les suivants :

	Espèces fossiles.
Lias inférieur de la Moselle.........	*Cycadites rectangularis* Brauns.

Grande oolithe de Mamers (Sarthe). *Cycadites Delessei* SAP.
Oolithe de Maigné (Sarthe)........ *Cycadites Saportana* CRIÉ.
Kimmeridjien inférieur de Belley (Ain)........... *Cycadites Lorteti* SAP.
Craie glauconieuse de Sainte-Croix (Sarthe)........ *Cycadites Sarthacensis* CRIÉ.

On ne saurait préciser à quel moment ces gymnospermes se sont retirées de notre pays. Leurs similaires de l'ordre actuel *(Cycas revoluta, circinalis, media)* occupent une aire géographique qui a pour limites : Madagascar, les Mascareignes, les îles de l'océan Pacifique, les Fidji et la Nouvelle-Calédonie.

Dans la flore crétacée du Mans, les fougères sont représentées jusqu'aujourd'hui par une espèce unique : le *Filicites vedensis* SAP. Le type des osmondes apparaît pour la première fois sous une forme analogue à l'*Osmunda Hugeliana* PRESL.

Les conifères y constituent le groupe le plus riche.

Nous connaissons les cônes des *Araucaria* qui croissaient sur le sol crétacé du Mans, de Nogent-le-Rotrou et du Hâvre. L'*Araucarites cretacea* dénote un type allié de près aux pins columnifères de l'Australie et de la Nouvelle-Calédonie; les cônes fossiles, très-souvent usés par le frottement, sont dépourvus de leurs prolongements terminaux apophysaires. Les Pins *(Pinus)* de cette flore ne sont pas moins remarquables; leur organisation dénote un type assez voisin des espèces mexicaines de la section *Pseudostrobus*. Notre *Pinus Guillieri* appartenait peut-être à un sous-genre aujourd'hui éteint. Antérieurement à la craie glauconieuse, l'Ouest de la France possédait des formes analogues qui ont laissé leurs traces dans le Gault de la Seine-Inférieure. A ces Conifères puissantes et variées *(Pseudostrobus, Araucarites, Widdringtonia, Podocarpus)* se mêlaient les premières dicotylédones angiospermes *(Magnolia? Sarthacensis* CRIÉ), dont nous devons la découverte à M. Joubert. Vers la base du cénomanien et sur l'horizon de la gryphée-colombe : aux environs du Mans, de Toulon, dans l'Allemagne cénomanienne, en Moravie, en Saxe, en Bohême, sur plusieurs points de l'Amérique (dépôt du Dakota-group), dans le Kansas, le Nebraska et jusque dans le Groënland septentrional, nous rencontrons, pour la première fois, des dicotylédones angiospermes plus ou moins abondantes et variées suivant les localités. Des découvertes ultérieures permettront peut-être de fixer l'emplacement géographique et les limites probables de la région où ces plantes ont trouvé leur premier berceau. Déjà M. de Saporta a recherché si les familles de dicotylédones les plus anciennes, et dont la présence dans l'âge crétacé a pu être constatée de la façon la moins douteuse, présentaient par elles-mêmes quelque caractère qui justifiât leur antériorité. A ce point de vue, la fréquence et la diffusion des polycarpées, magnoliacées, ménispermées, peut-être berbéridées, helléborées, nymphéacées ? malvacées, ne sauraient passer inaperçues, puisque ces familles sont justement celles dont les parties florales ont subi le moins de réductions et de soudures. Nous savons, d'ailleurs, que la *diclinie* a précédé l'*hermaphrodisme*. Les plantes à fleurs typiquement unisexuelles *(Gymnospermes)* ont représenté, jusqu'à l'époque crétacée, les végétaux supérieurs. L'hermaprodisme s'est constitué plus tard. Il serait, ce semble, très-instructif de constater si les polypétales, souvent unisexuelles par avortement, ont devancé les gamopétales, que MM. Ad. de Jussieu, Brongniart et Chatin considèrent comme plus élevées que les premières. Là git le secret du développement des dicotylédones angiospermes dans le temps.

Rappelons, en dernère analyse, que ce qui doit nous frapper dans l'ensemble de l'ancienne végétation crétacée de l'Ouest de la France, c'est l'apparition des plus anciens palmiers, groupe dont l'exclusion des régions arctiques constitue un précieux indice de l'abaissement de la température qui commence à se prononcer dans l'extrême Nord. Pour la première fois, nous observons certains effets dépendant de la latitude, et la zone arctique, encore qu'elle possède en partie les végétaux qui reparaissent à cette époque en France, en Bohême, en Amérique, ne présente plus relativement à ces divers pays la même uniformité. Cette divergence climatérique entre la zone arctique et la nôtre s'accentuera de plus en plus en poursuivant l'examen de la végétation tertiaire.

Flore crétacée de Sainte-Croix (Sarthe).

CRYPTOGAMÆ.

FILICACEÆ.

Filicites vedensis, *Sap.*

PHANEROGAMÆ.

Monocotyledones.

PALMÆ.

Palæospathe Sarthacensis, *Crié.*

Dicotyledones gymnospermæ.

CONIFERÆ.

Araucarites cretacea, *Br.*
Pseudostrobus Guillieri, *Crié.*
Widdringtonia Sarthacensis, *Crié.*
Podocarpus Sarthacensis, *Crié.*

CYCADEÆ.

Cycadites Sarthacensis, *Crié.*

Dicotyledones angiospermæ.

Magnolia? Sarthacensis, *Crié.*

CHAPITRE III

ÉPOQUE TERTIAIRE

Flore éocène du Mans et d'Angers.

Sur le sol éocène du Mans et d'Angers s'élève un bocage plein de chaleur et de vie. La cime des lauriers et des plaqueminiers ondule à l'horizon ; des chênes aux feuilles aigues se déroulent en un rideau toujours vert qui reflète les jeux de la lumière dans le feuillage lustré des magnolias. Le bocage se remplit d'ombre et de mystère ; les célastrinées forment par places un sous-bois presque impénétrable. Non loin de là murmure un ruisseau qui se brise en cascatelles ; sur ses rives humides se développent des fougères tropicales enroulant leurs frondes autour des broussailles. Au second plan, les myricées étalent leur feuillage denté et déchiqueté. Le paysage revêt un aspect plus fleuri : sur les ondes d'une cascade, les andromèdes secouent leurs belles grappes odorantes et les bumélies achèvent de s'épanouir aux rayons d'un chaud soleil. La cascade s'égare en gràcieux cours d'eau qui se dissimulent sous de longues traînées de lauriers-roses. Une légère brise agite le feuillage et suffit à disperser les fleurs des plaqueminiers. Çà et là les *Morinda* sarmenteux poussent en épais buissons. Des palmiers bordent le lac et réfléchissent leurs frondes dans ses eaux limpides et miroitantes.

Considérée dans son ensemble, la végétation éocène de l'Ouest était celle d'une forêt intérieure, sablonneuse et ombragée (1). Des *cupulifères* et, avant tout, de grandes *quercinées* comparables aux types asiatiques et américains actuels; des *myricées* rappelant certaines espèces des parties chaudes de l'Asie méridionale, dominaient dans l'ensemble. A ces amentacées étaient associés de magnifiques *Laurus* voisins des *Nectandra*, des *Diospyros* de la section africaine *Royena*, des *Ficus* et des *Bumelia* assimilables aux formes de l'Amérique tropicale. Tous ces arbres constituaient vraisemblablement ce

(1) Pour la description des espèces, voyez Louis Crié : *Recherches sur la végétation de l'Ouest de la France a l'époque tertiaire*. In-8o de 72 pages et 15 planches. Paris, 1878.

qu'on pourrait appeler les essences de premier ordre de la végétation forestière d'alors.

Venaient ensuite des végétaux qui imprimaient au paysage une physionomie particulière : c'étaient des *myrsinées* voisines de plusieurs formes abyssiniennes actuelles ; des *célastrinées* et surtout des *rubiacées* qui durent jouer un rôle important dans la végétation cénomanienne. D'autres empreintes, non moins précieuses, dénotent l'existence de *tiliacées* tropicales issues de types sans doute éteints. C'est également par une étude approfondie des anciens organes que nous avons pu comprendre la structure de plusieurs fruits voisins des *Crowea* australiens.

Ainsi, par ce mélange de *myrsinées, célastrinées, rubiacées, tiliacées, rutacées,* etc., le caractère tropical se laisse aisément deviner. Ce caractère s'accentue plus nettement encore, si l'on considère que des *apocynées* comparables aux *Alstonia* et *Echites* actuels, des *Aneimia* et surtout de magnifiques palmiers du type *Sabal* étaient répandus à profusion dans la région boisée cénomanienne. A l'époque de nos grès, une large ceinture littorale de palmiers *(Sabalites, Fla-*

bellaria), partant de Fyé, s'étendait vers le sud aux environs d'Angers et de Montreuil-sur-Loir. Nulle part ils ne furent aussi abondants, et il semblerait, comme l'a fait observer M. G. de Saporta, que le genre *Sabalites* se soit d'abord montré dans l'Europe centrale pour se répandre graduellement vers l'Est et le Sud.

J'imagine que cette région présentait des collines plus ou moins élevées, et sans doute situées à quelque distance de l'ancien lac, sur lesquelles les *Araucaria* columnifères dressaient leurs rameaux effilés ; elle était aussi sillonnée par des cours d'eau formant de petits torrents qui voyaient croître sur leurs rives lauriers-roses et andromèdes. Le long des berges humides, d'élégantes fougères d'un caractère tropical bien prononcé trouvaient un abri pour développer leurs frondes volubiles autour des arbustes voisins. Çà et là jaillissaient des sources ferrugineuses dont les eaux entraînaient dans le lac les feuilles des arbres situés à leur portée : témoin ces blocs de minerai de fer qui renferment des empreintes d'une admirable conservation.

Tel est, dans ses traits essentiels, le tableau de la végétation luxuriante qui recouvrait l'ancien sol tertiaire de Saint-Aubin, Sargé, Saint-Pavace, la Milesse, près le Mans.

A quelque distance, la scène changeait d'aspect, comme on peut s'en convaincre en interrogeant les grès tertiaires sur lesquels est assis aujourd'hui le bourg de Fyé (Sarthe). Des monticules plus ou moins élevés dominaient la contrée, et la végétation offrait un facies tout spécial : sur les hauteurs, les *Podocarpus* constituaient des forêts toujours vertes ; ces plantes jouaient vraisemblablement le principal rôle dans le paysage de Fyé. A l'examen des innombrables empreintes récemment reconstituées et chez lesquelles une foule de détails sont nettement conservés, on reconnaît qu'elles appartenaient à deux espèces différentes. Les unes, allongées et largement linéaires, rappellent le *Podocarpus neriifolia* du Népaul ; quant aux autres, aux dimensions amoindries et sur lesquelles nous avons pu distinguer les vestiges de nombreuses files de stomates couvrant la face inférieure de la feuille, elles se rapprochent de diverses espèces de la Nouvelle-Calédonie, notamment du *Podocarpus Novæ Caledoniæ,* Vieill. Ainsi, l'incontestable prépondérance des

Podocarpus, plantes habitant de nos jours l'est de l'Asie, Sumatra, Java, Bornéo, la Nouvelle-Guinée, la Nouvelle-Hollande, la Tasmanie, la Nouvelle-Zélande, l'Amérique du Sud, la Jamaïque et le Cap, constituait à Fyé un accident de végétation tout local et des plus curieux. Les *Podocarpus* se dressaient sur les collines qui partaient de Fyé pour s'étendre à plusieurs lieues dans la direction de Saint-Rigomer-des-Bois, vers le nord de l'ancienne région.

Antérieurement aux grès du Maine, des forêts de podocarpées existaient aux environs de Soissons et de Compiègne. En effet, l'espèce par nous considérée comme la plus répandue ne paraît pas différer de celle que M. Watelet a découverte près de Soissons. Non loin de Fyé, des collines peu élevées offraient de légères ondulations diversifiant agréablement l'aspect du paysage. Aux *Podocarpus* étaient associés des bouquets touffus de chênes à feuilles ovales, élargies et coriaces : souche présumée de ces essences toujours vertes qui peuplent les montagnes de la Géorgie et de la Caroline. Le *Quercus Cenomanensis,* Sap., dont nous avons signalé l'abondance vers le centre du bocage, formait parmi les *Podocarpus* des associations intéressantes auxquelles venait se mêler le *Quercus Criei*, Sap., représentant éocène des chênes japonais actuels. Sur la déclivité des collines, d'humbles *myrsinées* tenaient aussi leur place ; à côté des *Podocarpus Suessionensis* et *Fyeensis* croissait le *Myrsine Fyeensis*, remarquable espèce comparable au *Myrsine virgata*, Vieill., de la Nouvelle-Calédonie. L'association que nous signalons est des plus curieuses : à Fyé, le *Podocarpus Suessionensis* accompagnait çà et là le *Myrsine Fyeensis*, de même que dans la Nouvelle-Calédonie le *Myrsine virgata* accompagne fréquemment le *Podocarpus Novæ-Caledoniæ*, Vieill. La présence de nombreuses empreintes d'*andromèdes*, de *characées*, de *poacites* et de plusieurs monocotylédones aquatiques, témoigne suffisamment d'une station plus humide en cet endroit que sur aucun autre point du bocage. Nous pouvons établir que les familles suivantes déterminent le caractère particulier à la végétation de l'ancienne région cénomanienne :

1° *Cupulifères* et *Myricées* ;

2° *Palmiers ;*

3° *Apocynées ;*

4° *Conifères.*

Les *cupulifères* et les *myricées* offrent une prédominance incontestable.

Des palmiers, issus de types sans doute éteints, ne sont nulle part aussi abondants.

Les *Nerium* et les *Apocynophyllum* doivent être comptés parmi les genres les plus répandus.

Quant aux *Podocarpus*, nous avons signalé leur profusion à Fyé.

Vient ensuite un ensemble de végétaux représentés par des organes divers (fleurs, fruits et graines) et qui jouèrent un rôle remarquable dans cette flore :

1° Les fleurs et les fruits du *Diospyros senescens* (Ébénacées) ;

2° Les syncarpes si curieux du *Morinda Brongniarti* (Rubiacées) ;

3° Les coques du *Carpolithes Saportana* (Rutacées) ;

4° Les fruits à surface réticulée de l'*Apeibopsis Decaisneana* (Tiliacées) ;

5° Les fruits capsulaires tuberculeux du *Carpolithes Duchartrei* (Tiliacées).

A côté de ces familles, dont la prépondérance est incontestable, se rangent les suivantes, qui accentuent le caractère tropical de notre flore : *myrsinées, sapotacées, fougères, célastrinées, anacardiacées.*

Par cet ensemble de formes remarquables et tel que nous venons de le dépeindre, le paysage tertiaire du Mans et d'Angers présentait un facies bien différent de celui de Sézanne, qui nous reporte au commencement de l'âge tertiaire : « Le pays qui s'étend vers » Reims et Rilly-la-Montagne était alors occupé » par un lac qu'alimentaient des eaux vives et » jaillissantes. Une de ces sources coulait auprès » de la petite ville de Sézanne et y formait une » cascade dont les parois subsistent encore et » conservent l'incrustation de nombreuses empreintes » végétales. Ces rocailles ressemblent à celles qui » ont rendu célèbres les cascatelles de Tivoli; il » semble seulement qu'un accident imprévu en ait » détourné pour quelques instants les eaux des temps » tertiaires. L'œil exercé du géologue reconstruit les

» moindres accidents de l'ancienne localité. Il aperçoit » jusqu'aux mousses qui tapissaient de larges plaques » la surface humide du rocher. Pour lui, de mer- » veilleuses Fougères se penchent sur le gouffre » écumant et balancent leurs feuilles finement décou- » pées ; au-dessus s'étagent des arbres puissants : ce » sont des Figuiers, des Lauriers au port élancé, des » Magnolias aux feuilles lustrées, des Sterculiers, des » Tilleuls. Ces arbres, à l'aspect exotique, ne sont pas les » seuls : des Noyers et des Chênes leur sont associés ; on » entrevoit au milieu d'eux des Peupliers et des » Saules, des Aulnes et des Ormeaux ; des Vignes » sauvages et un Lierre vigoureux s'attachent aux » arbres ; toutes ces essences se mêlent, se croisent, » se complètent l'une par l'autre ; tout chez elles an- » nonce la vigueur opulente que les voyageurs ad- » mirent au fond des vallées ombreuses du Népaul (1). »

Ainsi, à l'époque de nos grès, l'ampleur du feuillage si remarquable à Sézanne est remplacée par une étroitesse de formes coriaces qui annoncent que le

(1) G. de Saporta, *Revue des Deux-Mondes*, 2e série, 1868.

climat est devenu sec et chaud. La végétation tertiaire du Mans présentait une allure sévère ; il lui manquait cette grâce et cette souplesse que communiquait au paysage de Sézanne le tremblant feuillage des noyers, des peupliers et de tous ces arbres de notre zone tempérée, devenus plus tard l'apanage des paysages miocènes. Nous sommes, en quelque sorte, au seuil du miocène, et rien ne rappelle le *facies* si curieux des flores d'Armissan et de Manosque, où, sous l'influence d'un climat à la fois humide et chaud, les arbres des régions tempérées viennent entremêler leur verdure au feuillage ferme et brillant des essences tropicales.

A Manosque, « la végétation présente un caractère
» général de fraîcheur bien en rapport avec l'expo-
» sition présumée de l'ancienne région ; les essences
» analogues à celles des pays chauds y sont assez
» rares, tandis que celles à feuilles caduques y
» occupent une place jusqu'alors exceptionnelle... La
» fraîcheur et la grâce, quelque chose d'ombreux et
» de luxuriant, paraît être le caractère de cette végé-
» tation...

» Dans l'ancienne région d'Armissan, des *Sapotacées,* » de grandes *Légumineuses,* des *Myrsinées, Célas-* » *trinées, Anacardiacées, Myrtacées,* croissent mêlées » avec des Aunes, des Bouleaux, des Peupliers, des » Saules, des Micocouliers et des Noyers, juxtaposition » singulière qui semble devenir le cachet de la » végétation d'alors. »

Par l'absence de plantes des pays tempérés, la flore tertiaire de la Sarthe rappelait bien plutôt ces zones privilégiées où la nature semble ne sommeiller jamais, où la végétation conserve toute l'année une perpétuelle verdure ; en outre, par son cachet tropical beaucoup plus marqué que celui du miocène inférieur, elle se rapproche incontestablement de celles du Monte-Bolca, de Skopau en Saxe, et de Alumbay en Angleterre.

Dès lors, il est raisonnable d'accorder à notre ancienne région une température moyenne de 25 degrés centigrades ; quant aux causes qui firent varier cette température, elles restent pour nous autant de problèmes d'une extrême complexité. Sans doute, la configuration particulière à la contrée, sa proximité ou son éloignement de l'océan, son orientation, la direction des vents régnants, la présence de collines plus ou moins élevées servant d'abri contre les vents venus de contrées froides, telles sont les causes générales auxquelles il est naturel de rapporter les variation diverses de la température moyenne accordée à cet ancien pays. Le climat du Mans et d'Angers pouvait être celui de Calcutta ou de la Havane, ce qui donne une différence de 13 à 14 degrés centigrades, si nous le comparons au climat actuel. Je ne crois point m'écarter trop de la vérité en supposant que l'année d'alors était partagée en deux saisons distinctes : l'une sèche et l'autre humide. La première correspondait à celle qui, dans les pays tropicaux, s'étend de mai en novembre ; cette partie de l'année, pendant laquelle les *Podocarpus* et les *Crowea* mûrissaient leurs fruits, devait être froide et sèche : c'était pour la végétation une période de repos. En revanche, la saison humide (décembre à avril) correspondait à l'hivernage des contrées tropicales. Durant ces mois apparaissaient les fleurs des ébéniers, des lauriers, des myrsinées, des myricées, et les andromèdes développaient de belles grappes carnées auxquelles se mariaient les corolles empourprées des bumélies et des lauriers-roses. Cette époque de l'année était ce que j'appellerais volontiers la saison privilégiée de notre vieux pays ; la nature, souriant pour elle-même, épanouissait sous les rayons d'un chaud soleil toutes ces fleurs qui vécurent sans avoir été vues et dont les parfums ne furent respirés par personne.

Puisque je m'occupe des conditions climatériques de l'ancienne région cénomanienne, je crois utile d'exposer quelques-unes de mes vues relatives à la floraison, à la fructification et à la chute des anciens organes. Parmi ces végétaux, il en est qui, comme les ébéniers, disséminaient au moindre souffle, durant l'hivernage, leurs fleurs à peine épanouies. Tels on voit de nos jours les *Diospyros* abondamment fleuris joncher le sol de leurs périanthes fanés. Ballottés par les vents, ces organes d'une texture délicate étaient en partie détruits ou se déformaient avant de se déposer dans le lac, au fond du sein sableux qui nous les a conservés. Plus tard, lors de leur maturité, les fruits étaient emportés par les vents qui tantôt les rassemblaient sur un point, tantôt les éparpillaient sur un plus grand espace; la plupart des *Diospyros* proviennent de cette époque. Récemment, il m'a été permis de compter, dans un fragment de grès du volume d'un décimètre cube, jusqu'à quinze réceptacles de *Diospyros,* laissant voir cette partie de la fleur entourée de cinq sépales persistants à préfloraison quinconciale. Au nombre des organes qui devaient se séparer facilement de leurs pédoncules peuvent être cités les syncarpes des *Morinda.* Presque tous possèdent des fruits (drupes) à loges dispermes et à cicatricules du calice fort visibles. Poursuivant l'examen minutieux de nos syncarpes, nous voyons quel parti on peut tirer de la présence ou de l'absence des pédoncules et à quelle conclusion l'on est raisonnablement conduit en ce qui concerne le degré de persistance du fruit, la nature de l'inflorescence.

L'absence de pédoncules chez les morinda prouve qu'ils se détachaient facilement de leur support à la maturité : cette particularité peut être observée dans la nature actuelle. La persistance accidentelle des pédoncules présente une incontestable signification qui permet de déterminer le mode d'inflorescence des syncarpes mêmes. De nos jours, nous connaissons plusieurs *Morinda* qui par leur mode d'inflorescence devaient se rapprocher de l'espèce du Mans. Telles sont les formes sarmenteuses si curieuses, à inflorescence en cymes ombellées des environs de Wagap, (Nouvelle-Calédonie). Ici, les pédoncules floraux ont à peu près la même longueur et forment çà et là sur la tige des inflorescences en cymes régulières, axillaires.

Viennent ensuite plusieurs fruits qui doivent rentrer dans le groupe des tiliacées. Ces organes, régulièrement divisés en deux parties, laissent voir un nombre considérable de fossettes à contours plus ou moins polygonaux, correspondant aux proéminences du fruit vivant. Sur l'un des échantillons on distingue très-nettement la ligne de déhiscence qui part du sommet pour aboutir au centre du pédoncule. Il s'agissait d'un fruit capsulaire globuleux et tuberculeux se séparant en deux valves par déhiscence loculicide. Ce caractère est commun à un bon nombre de tiliacées; certains *Corchorus* à fruits globuleux offrent une organisation identique. Si nous poursuivons jusque dans ses derniers détails l'analyse de cet organe, l'assimilation devient de plus en plus vraisemblable. Les pédoncules, de longueur uniforme, font percevoir que l'ancienne inflorescence était axillaire, constituée par des cymes pauciflores à pédoncules presque égaux. Il ne nous semble pas possible d'admettre une opinion différente, lorsqu'on a sous les yeux l'échantillon qui montre trois de ces fruits parfaitement conservés, dont deux sont supportés par des pédoncules égaux. Enfin la cicatrice circulaire, si apparente vers la base des capsules et au sommet du pédoncule dans les *Corchorus* et un bon nombre de tiliacées, n'est pas moins visible sur l'empreinte fossile. L'examen précédent permet d'établir que ces fruits capsulaires légèrement tuberculeux se séparaient par déhiscence loculicide en deux valves; qu'ils étaient persistants et qu'alors, sous l'action de causes multiples (bourrasques, vents, pluies, etc.), mais, le plus ordinairement, par suite de la décomposition lente et progressive des tissus, les pédoncules se séparaient de la tige. Cet exemple de persistance des pédoncules fructifères sur la tige nous est fourni par les *Corchorus*. Chez une espèce des Indes orientales, le *Corchorus capsularis*, on peut se rendre compte de l'adhérence tenace qui unit le fruit au pédoncule, en exerçant sur la capsule un mouvement de torsion. Si la séparation a lieu, c'est toujours au point d'union du pédoncule et de la tige. Lorsque les vents viennent à briser les tiges ou les rameaux des *Corchorus*, il est permis de voir les capsules persister longtemps après cette rupture. Puis, à mesure que la décomposition s'accomplit, les pédoncules se séparent, emportant avec eux les fruits capsulaires. Une particularité identique est présentée par l'*Alnus glutinosa ;* on sait que, le plus souvent, les strobiles se dessèchent et persistent sur l'arbre. Or, au moment de leur chute, qui arrive lors de la destruction des tissus de la base de l'inflorescence, cette dernière, constituée par l'ensemble des pédoncules fructifères, tombe tout entière. Poursuivant ces observations sur les *strobiles* déposés au fond des eaux, on voit, ainsi que je m'en suis assuré plusieurs fois, les pédoncules se séparer peu à peu du rameau fructifère, chacun surmonté de son fruit. Je pourrais m'étendre plus longuement sur ces phénomènes qui, convenablement observés, devront jeter un jour nouveau sur les études de paléontologie végétale.

En considérant la disposition des feuilles les unes par rapport aux autres, on arrive à penser que la plupart d'entre elles furent apportées d'assez loin. Que voit-on, en effet, dans les couches tertiaires des environs du Mans? Des quantités prodigieuses de feuilles entassées pêle-mêle : les unes complétement roulées sur elles-mêmes, enveloppant des fruits, des fragments de tiges ou d'organes divers; les autres, pliées dans le sens de leur nervure médiane; les premières disposées horizontalement sur l'une des faces du bloc; les autres perpendiculaires aux premières. A ces phénomènes ordinaires de transport il faut ajouter ceux qui, beaucoup plus rares, se manifestaient à l'approche des équinoxes, alors que les tempêtes et les bourrasques brisaient et déracinaient les arbres. Vers cette époque furent emportés par des courants rapides, des troncs parfois longs de plusieurs mètres, observés à l'extrémité ouest de notre bassin tertiaire.

Flore éocène du Mans et d'Angers.

1. CRYPTOGAMÆ.

CHARACEÆ.

1. Chara Fyeensis, *Crié.*

FILICES.

2. Aneimia Kaulfussii, *Heer.*
3. — dissociata, *Sap.*
4. — lobata, *Crié.*
5. Lygodium Fyeense, *Crié.*
6. Asplenium Cenomanense, *Crié.*

PHANEROGAMÆ.

* MONOCOTYLEDONÆ.

GRAMINEÆ.

7. Bambusa Fyeensis, *Crié,*
8. — Cenomanensis, *Crié.*
9. Poacites Sargeensis, *Crié.*
10. — Fyeensis, *Crié.*

PALMÆ.

11. Sabalites Andegavensis, *Sch.*
12. — Chatiniania, *Crié.*
13. Flabellaria Saportana, *Nob.*
14. — Cenomanensis, *Crié.*
15. Palmacites Fyeensis, *Crié.*

** DICOTYLEDONÆ.

GYMNOSPERMÆ.

CONIFERÆ.

16. Araucarites Roginei, *Sap.*
17. Podocarpus Suessionensis, *Wat.*
18. — Fyeensis, *Crié.*

ANGIOSPERMÆ.

1. Apetalæ.

MYRICACEÆ.

19. Myrica Æmula, *Heer*.
20. — exilis, *Sap*.

PROTEACEÆ.

21. Lomatites Gentili, *Crié*.

CUPULIFERÆ.

22. Quercus Cenomanensis, *Sap*.
23. — Criei, *Sap*.
24. — tæniata, *Sap*.
25. — Heberti, *Crié*.
26. — palæo-drimeja, *Sap*.
27. — Lamberti, *Wat*.

MOREÆ.

28. Ficus Giebeli, *Heer*.

LAURINÆ.

29. Laurus Forbesi, *de La Harpe*.
30. — Decaisneana, *Heer*.

2. Gamopetalæ.

RUBIACEÆ.

31. Morinda Brongniarti, *Nob*.

APOCYNACEÆ.

32. Nerium Sarthacense, *Sap*.
33. Apocynophyllum Cenomanense, *Crié*.
34. Echitonium Sargeense, *Crié*.
35. — punctatum, *Crié*.

MYRSINEÆ.

36. Myrsine formosa, *Heer*.
37. — Fyeensis, *Crié*.

SAPOTACEÆ.

38. Bumelia Cenomanensis, *Crié*.

EBENACEÆ.

39. Diospyros senescens, *Sap.*
40. — Pavacensis, *Crié.*
41. — Sarthacensis, *Crié.*
42. — lacerata, *Crié.*

ERICACEÆ.

43. Andromeda dermatophylla, *Sap.*

3. Dialypetalæ.

CELASTRINÆ.

44. Celastrus Cenomanensis, *Crié.*

TILIACEÆ.

45. Apeibopsis Decaisneana, *Crié.*
46. Carpolithes Duchartrei, *Crié.*

MAGNOLIACEÆ.

47. Magnolia Andegavensis, *Crié.*

ANACARDIACEÆ.

48. Anacardites Fyeensis, *Crié.*

SPECIES INCERTÆ SEDIS.

49. Phyllites pennatus, *Crié.*
50. — pusillus, *Crié.*
51. Carpolithes Saportana *Crié.*
52. — hians, *Crié.*
53. — quinqueloculаris, *Crié.*
54. — stellata, *Crié.*
55. — Fyeensis, *Crié.*
56. — striata, *Crié.*

Le nombre total des espèces de cette flore s'élève, grâce à nos recherches, à plus de cinquante. Avant nous, MM. Heer et Brongniart avaient signalé dans les grès de la Sarthe : les *Laurus Decaisneana* et *Forbesi*, le *Ficus Giebeli*, le *Steinhauera subglobosa*, le *Dryandroides œmula*, deux fougères, un *Diospyros* et un palmier.

C'est par conséquent plus de *quarante* types nouveaux que nous ajoutons aux espèces décrites par ces deux savants, sans compter ceux qui devront compléter un mémoire ultérieur. Il est aisé de voir que les apétales *(cupulifères, myricées)* et les gamopétales *(apocynées, ébénacées)* dominent; mais ce qui frappe dans cet ensemble, c'est l'abondance des palmiers, l'existence de certains fruits, tels que les *Morinda, Apeibopsis* et plusieurs autres qui accentuent l'originalité de cette végétation.

Si nous interrogeons les flores locales de Sézanne, des grès du Soissonnais, de l'île de Wight (Angleterre), de l'argile blanche d'Alumbay (Angleterre), de Skopau en Saxe et d'Aix en Provence, voisines de la nôtre quant à l'âge, nous reconnaissons que leurs familles prédominantes se rangent suivant un ordre tout différent. Ici les quercinées et les palmiers abondent, alors qu'à l'île de Wight et à Aix en Provence, les légumineuses tiennent le premier rang. Mais si grâce à ses chênes saliciformes, à ses palmiers sabals, à ses rubiacées et à ses tiliacées tropicales, l'ancienne végétation de la Sarthe offrait une physionomie parfaitement tranchée, il n'est pas moins instructif de constater les multiples affinités qu'elle présente avec les ensembles tertiaires précités.

Étudiée avec soin, la flore éocène du Mans et d'Angers se relie :

1° A la flore des grès du Soissonnais, par les	*Podocarpus Suessionensis, Wat.* *Quercus Lamberti, Crié.* — *Heberti, Crié.* *Araucarites Sternbergii, Sap.*
2° A la flore de l'argile blanche d'Alum-bay, par les	*Asplenium Martinsi, Heer.* *Laurus Forbesi, D.*
1° A la flore de Skopau, par les	*Dryandroïdes œmula, Heer.* *Myrsine formosa, Heer.* *Ficus Giebeli, Heer.* *Morinda Brongniarti, Crié.* *Diospyros senescens, Sap.* *Quercus palæodrimeja, Sap.* *Apocynophyllum neriifolium, Sap.*
2° A la flore des gypses d'Aix, par les	*Quercus Crici, Sap.* — *Cenomanensis, Sap.* *Laurus Forbesi, Heer.* *Myrica exilis, Sap.*

L'âge si longtemps contesté des grès tertiaires du Mans et d'Angers peut être sérieusement fixé par l'étude des plantes fossiles. Ces grès sont bien, comme l'avait annoncé M. le professeur Hébert, de l'âge des grès de Beauchamp; vers l'éocène moyen, la végétation précédemment étudiée dut recouvrir notre région cénomanienne.

Postérieurement au retrait de la mer, au fond de laquelle se déposa le calcaire grossier parisien, — écrit M. de Saporta, — les eaux douces vinrent occuper les dépressions du sol dans les vallées de la Seine et dans l'espace correspondant au plateau qui sépare actuellement la Seine de la Loire. C'est ainsi que les grès de Beauchamp, le calcaire de Saint-Ouen et finalement les gypses de Montmartre se formèrent, et en même temps qu'eux des dépôts équivalents et synchroniques qui occupent la Sarthe et les environs d'Angers et qui renferment des plantes. L'île de Wight et les grès à lignites de Skopau en Saxe ont fourni à M. le professeur Heer les restes d'une flore contemporaine de celle des grès de la Sarthe, et cette dernière a été l'objet des recherches particulières de M. Crié, dans le cours des années précédentes. En suivant les traces de l'explorateur français, nous ne sommes plus transportés sur des terres basses et fréquemment inondées, à la périphérie intérieure d'un golfe, ni sur des plages chaudes et en partie stériles ; nous apercevons plutôt les restes de forêts luxuriantes, peuplées de podocarpées, de chênes verts, de lauriers, de plaqueminiers, de myrsinées, embellies dans le voisinage des eaux par un *Nerium* ou laurier-rose, différent de celui du Trocadéro, et comprenant aussi plusieurs fougères de physionomie exotique qui croissaient à l'ombre des grands arbres. A ces végétaux se joignait une conifère de grande taille, dont les rameaux présentent l'aspect de ceux des *Araucaria.* Il existe encore dans les grès du Maine des vestiges de plusieurs sortes de fruits d'une structure fort curieuse, mais d'une détermination difficile; les uns ressemblent à ceux des *Morinda,* genre de rubiacées des pays chauds, dont les fleurs, réunies en capitule serré, donnent lieu à « un syncarpe » formé par la soudure mutuelle et l'accrescence de tous les ovaires; d'autres sembleraient dénoter une tiliacée de grande taille; d'autres enfin représentent les calices épars de plusieurs types de Diospyros. On voit que les formes actuellement exotiques dominent dans cet ensemble, sans exclure précisément les autres. Mais ces derniers ne reproduisent jamais que de très-loin l'aspect des espèces européennes de nos jours, et leurs similaires doivent plutôt être recherchés dans les contrées du midi. Cette affinité de la végétation éocène de la Sarthe avec celle des pays chauds est encore attestée par l'abondance des palmiers qui sont représentés par plusieurs espèces, quelques-unes remarquables par la vigueur et la beauté de leurs frondes, puis rappellent celle des sabals de Cuba et de la Floride.

On doit fixer à l'éocène et faire coïncider avec la présence de la mer du calcaire grossier parisien le moment de la plus grande élévation thermique que le climat européen ait présentée durant le cours des temps tertiaires. Non seulement les *Nipa* et peut-être les cocotiers s'étendirent alors jusqu'en Belgique et en Angleterre, mais les espèces à feuilles caduques ne furent jamais aussi peu nombreuses; leur présence constatée se réduit à quelques rares exceptions. C'était le temps des jujubiers africains, des gommiers, des myricées aux feuilles coriaces, des *Aralia,* des *Podocarpus,* des *Nerium* ou lauriers-roses, des euphorbes arborescentes, des myrsinées, etc. Les palmiers étaient nombreux sur tous les points du territoire français : M. Crié en a compté récemment cinq espèces dans les grès éocènes de la Sarthe (1). Les forêts montagneuses de cette dernière région comprenaient une association de lauriers et de chênes à fleurs persistantes, mêlées à des *Diospyros* et à des tiliacées, à des myrsinées, à des anacardiacées et à plusieurs *Podocarpus.* Les fougères les plus répandues étaient des lygodiées. Cet état de choses paraît s'être maintenu dans le Midi de l'Europe, sans grande altération, jusqu'à la fin de l'éocène (2).

Après le temps des gypses d'Aix et de Montmartre, le bassin de Paris fut occupé par une nouvelle mer qui

(1) Voy. la liste des éléments constitutifs de la flore éocène du Mans et d'Angers, p. 50.

(2) V. G. de Saporta. *Le Monde des Plantes avant l'apparition de l'Homme,* p. 359.

contournait la Normandie, touchait à Cherbourg et entamait à peine l'Angleterre par l'île de Wight. En Belgique, en Aquitaine, en Bretagne, près de Rennes, on trouve des vestiges de la mer oligocène qui pourtant n'est puissante nulle part. Des lacs existaient à cette époque sur plusieurs points de la France occidentale ; le bassin lacustre de Saint-Sauveur-le-Vicomte (Manche) nous a conservé les traces d'une florule dont l'étude est à peine ébauchée. Aux abords du petit lac tongrien de Saint-Sauveur et du Lude (Manche) se pressaient des araliacées, des naïadées, des ombellifères, alors que des nymphéacées (*Anœctomeria Brongniarti* Sap.) constituaient le plus bel ornement de ses eaux. Ces documents sont les seuls que nous possédions sur la végétation tertiaire du Cotentin.

La durée de la mer oligocène ne fut pas très-longue; après son retrait, l'Europe resta plus humide durant la période qui précède immédiatement l'arrivée de la mer miocène. Celle-ci devint pour notre pays la cause principale d'adoucissement du climat. Une température égale n'a cessé, tant qu'elle a persisté, de régner sur le continent et d'y favoriser le maintien d'une végétation richement variée. Les nombreuses localités du temps de la mollasse ont offert de précieux documents relatifs à la flore de cet âge. Citons avant tout : les lignites de la Weteravie, Bilin en Bohême, Menat en Auvergne, Œningen en Suisse et les environs de Vienne en Autriche. Mais nous ignorons absolument ce qu'était la végétation miocène de l'Ouest, lors de l'invasion de la mer des Faluns.

CHAPITRE IV

ÉPOQUE QUATERNAIRE

La flore quaternaire de notre région est peu connue; cependant les dépôts travertineux de Mamers (Sarthe), formés sous l'influence des eaux incrustantes, renferment quelques vestiges remarquables par leur bel état de conservation. Des feuilles penninerves à doubles dents de scie, mêlées avec d'autres feuilles penninerves insymétriques à la base, témoignent de l'existence du charme *(Carpinus Betulus* L.*)* et de l'orme *(Ulmus campestris* L.*)*, dans les tufs où le rouvre *(Quercus robur* L.*)*, le saule cendré *(Salix cinerea* L.*)*, le noisetier *(Corylus avellana* L.*)*, la scolopendre *(Scolopendrium officinale* Smith.*)* leur sont associés. La présence d'une empreinte dont la nervation fait songer de suite au figuier, constitue le trait le plus saillant de cette florule; de semblables traces tendent à démontrer que le climat était alors plus doux et plus tempéré que de nos jours aux mêmes lieux. La localité quaternaire de la Sarthe, lorsque sa flore sera mieux connue, pourra se rapprocher de celle de Moret, près Paris, où croissaient le laurier-tin et le gainier dit arbre de de Judée. Le figuier s'avançait assez loin vers le Nord, et la moyenne de chaleur annuelle indispensable pour faire végéter cette essence dans l'Ouest de la France, ne saurait être évaluée à moins de 12 à 14 degrés centigrades. Il convient d'ajouter que les faunes fossiles de la Mayenne, si bien étudiées par M. le professeur Gaudry, nous fournissent des données non moins précieuses sur le climat quaternaire de notre pays. Les dépôts de Sainte-Suzanne, le couloir de Louverné, les grottes de Saulges et de Thorigné, représentent trois formations situées au-dessous des couches superficielles de l'âge de la pierre polie.

Le gisement de Sainte-Suzanne est le plus ancien. Des débris de marmotte *(Arctomis Marmotta,* race *primigenia)* y dominent. Les autres ossements appartiennent au *Rhinoceros Merckii,* à l'*Hyæna crocuta,* race spelæa, au *Felis leo,* au *Cervus elaphus,* au bœuf et au cheval. M. Gaudry incline à croire que la partie inférieure de ces dépôts pourrait bien représenter l'âge du Boulder-clay, caractérisé en France, en Suisse et dans la Grande-Bretagne par un climat froid.

Le couloir de Louverné nous fournit la preuve que le *Felis leo* (spelæa) et le *Felis leo* (race actuelle) ont vécu ensemble, que le *Bos primigenius* a eu pour compagnons des bœufs de la taille de nos bœufs actuels, que le *Cervus elaphus* (race actuelle) a été contemporain, dans la même contrée, d'énormes *Cervus elaphus* (race canadensis). M. Gaudry fait judicieusement observer que plusieurs des races des animaux modernes ont pu se former dans notre propre pays, circonstance qui établit des liens très-étroits entre l'époque du mammouth et l'époque actuelle. Cette formation paraît appartenir à l'âge du Diluvium de Paris. Le climat de l'Ouest aurait été moins froid qu'à l'époque du Boulder-clay.

La faune de Louverné est remarquable par l'abondance des herbivores, tels que les chevaux, les bœufs et les cerfs; le genre éléphant est représenté par le mammouth, l'espèce de proboscidien qui, à en juger par le nombre des collines de ses molaires, paraît avoir été la mieux adaptée pour râper des graminées.

Le *Rhinoceros tichorinus* qui l'accompagnait a été sans doute essentiellement herbivore, car, tandis que la dentition du *Rhinoceros Merckii* rappelle beaucoup celle du *Rhinoceros bicornis*, qui, dit-on, vit aux dépens des arbustes épineux, la dentition du *Rhinoceros tichorinus* rappelle celle du *Rhinoceros simus*, qui, au rapport des voyageurs, se nourrit d'herbes. La rugosité de l'émail de ses dents paraît avoir aidé à fixer une épaisse couche de cément; or, l'abondance du cément doit indiquer un régime herbivore, puisqu'il sert à protéger l'émail contre le frottement des herbes chargées de silice et de sucs acides. Ces remarques indiquent une grande extension des pâturages et s'accordent avec celles de M. Belgrand pour faire supposer que vers le milieu de l'époque quaternaire, nos pays ont été très-humides. (A. Gaudry. — *Matériaux pour servir à l'histoire des temps quaternaires.* Fasc. 1, p. 61-62.) De son côté, notre savant doyen nous a fourni, en restaurant sa riche faune du Mont-Dol, des renseignements climatologiques fort précieux sur l'ancienne localité quaternaire de la Bretagne (1).

(1) Voy. S. Sirodot, *Sur les fouilles exécutées au Mont-Dol* (Ille-et-Vilaine), en 1872.

Finalement, le climat étant devenu semblable au climat actuel, les espèces se seraient étendues et combinées dans les proportions que nous leur connaissons. Puissante était alors la végétation constituée par le rouvre, le charme, le châtaignier et la plupart des essences forestières qui ont eu leur berceau dans le voisinage du pôle. Le hêtre, cependant, n'avait point encore envahi l'Ouest de la France; il manque en Normandie et en Bretagne à l'époque antérieure aux Romains. Ses migrations sont fort instructives; nous croyons utile de les faire connaître en même temps que l'origine paléontologique des principales essences forestières qui habitent actuellement la France occidentale.

Le type du hêtre *(Fagus sylvatica* L.) est fort ancien. Sa présence a été constatée dès la craie cénomanienne, et M. de Saporta a signalé les variations auxquelles il a donné lieu avant de revêtir, soit en Amérique, soit en Europe, les caractères qui le distinguent dans ces deux pays. Le tableau suivant montre la filiation présumée, à l'aide des formes fossiles, du hêtre d'Europe et de celui d'Amérique :

1. *Fagus polyclada,* Lesq. — Craie cénomanienne d'Amérique (Dakota-group).

2. *Fagus prisca,* Ett. — Craie supérieure (Quadersanstein) de Niederschœna (Saxe).

3. *Fagus Antipofi,* Hr. — Miocène (États-Unis).

4. *Fagus pristina,* Sap. — Miocène inf. Manosque (Basses-Alpes).

5. *Fagus attenuata,* Goepp. — Miocène sup. Stradella (Italie).

6. *Fagus sylvatica pliocenica,* Sap. — Pliocène inf. Cinérites du Cantal.

7. *Fagus Feroniæ,* Ung. — Miocène de Bilin (Bohême).

8. *Fagus horrida,* Ludw. — Miocène sup. de Kaichen (Wetéravie).

9. *Fagus sylvatica,* L. — Pliocène sup. Travertins toscans.

10. *Fagus sylvatica,* L. — Europe actuelle.

11. *Fagus ferruginea,* Michx. — Amérique actuelle (Ohio, etc.).

Le hêtre, fort commun de la Normandie au Danemark, s'est répandu vers l'Ouest depuis l'époque romaine.

De nos jours, il constitue dans les Iles Britanniques, en Normandie, en Bretagne, dans la Touraine, le Maine et l'Anjou une des essences les plus importantes et les plus belles.

Les chênes de la France occidentale sont représentés par le rouvre *(Quercus robur* L.*)*, le cerris *(Q. Cerris* L.) et l'yeuse *(Q. Ilex* L.). L'origine paléontologique de l'yeuse date des temps tertiaires. Le *Quercus antecedens* Sap. de l'éocène supérieur des gypses d'Aix dénote le plus ancien des chênes qui reproduisent le type indigène du quercus ilex. Plus tard, les sections *Ilex* et *Cerris* possédaient des formes voisines des quercus *Ilex* et *Cerris ;* le *Q. palæocerris* de la forêt miocène du Mont Charray (Ardèche) pourrait bien être le précurseur de nos cerris, dont la distribution géographique actuelle mérite de fixer l'attention. Le *Q. Cerris* L. est répandu dans l'Asie Mineure, la Turquie d'Europe, l'Istrie, l'Autriche Inférieure, les Apennins, la Sicile ; nous le retrouvons dans la France Occidentale, où il est en voie de diminution. Les localités citées depuis cinquante ans aux environs du Mans et d'Angers sont toujours les mêmes ; l'espèce, on peut le dire, n'y a pas de force d'expansion. Tels bois de la Sarthe où les cerris dominaient il y a près d'un siècle, ne possèdent plus aujourd'hui que des rouvres. Sûrement, cette essence tend à disparaître de la région, et n'était sa vaste habitation en Asie, elle serait en voie de s'éteindre.

Le type rouvre se montre pour la première fois en Auvergne (cinérites pliocènes du Cantal), et l'existence du *Q. robur* est antérieure aux temps historiques. Nos *Toza* actuels ne constituent, d'ailleurs, qu'un sous-type des Robur. Le *Toza* (*Q. Toza* B.) croît, en France, au pied des Pyrénées et dans l'Ouest. Il donne aux landes du Maine, de la Touraine (nord-ouest d'Indre-et-Loire), de l'Anjou et de la Bretagne une physionomie particulière due à son feuillage soyeux dont les découpures varient à l'infini. La Normandie ne possède ni *Toza,* ni *Cerris,* et le département de la Sarthe paraît être la limite boréale extrême de son domaine. Les *Quercus pedunculata, sessiliflora* et *pubescens* sont autant de races qui dépendent du type *robur*.

Le Châtaignier *(Castanea vesca* Gaertn.) est très-voisin d'une espèce arctique *(Castanea Ungeri* Hr.) qui habitait le Groënland lors du miocène inférieur. Le noisetier *(Corylus avellana* L.) est bien l'ancêtre du *Corylus Mac-Quarii* Forb. si répandu dans la zone polaire miocène. Pareillement, les bouleaux du type *Betula alba* L. et les ormes du type *Ulmus campestris* L. nous sont venus de l'extrême Nord. Telle est notre flore actuelle, mélange singulier d'espèces en partie descendues d'espèces tertiaires de l'Europe miocène et surtout émigrées d'Orient. Un autre élément constitué par les plantes introduites du fait de l'homme doit être recherché fort loin dans le passé : les lacustres de l'âge de pierre possédaient des céréales, et les derniers troglodytes cultivaient notre sol avant l'arrivée des Celtes sur la scène du monde.

TABLEAU

Montrant la concordance des formations géologiques de l'Ouest de la France et des flores fossiles correspondantes.

FORMATIONS géologiques	ÉTAGES OU SYSTÈMES.			FLORES FOSSILES CORRESPONDANTES.
TERRAIN quaternaire.	Age du renne			
	Age du diluvium (Paris-Grenelle)			Florule de Mamers.
	Age du Boulder-clay			
TERRAIN TERTIAIRE.	Miocène	supérieur		
		inférieur		Florule de Saint-Sauveur-le-Vicomte et du Lude (Manche).
	Éocène	supérieur		
		moyen		Flore des grès éocènes du Mans et d'Angers. Monocotyledones d'Arthon (Loire-Infre) et empreintes de Campbon (Loire-Inférieure).
		inférieur		
TERRAIN SECONDAIRE.	Crétacé	supérieur	craie supérieure	
			craie blanche	
			craie marneuse	
			craie glauconieuse	Flores du Mans : fougères, palmiers, cycadées, conifères, dicotyledones angiospermes. *Araucarites* du Hâvre et de Nogent-le-Rotrou.
		inférieur	Gault	Conifères *(Pseudostrobus)* de Cauville (Seine-Infre).
			Néocomien	
	Jurassique	supérieur	Kimmeridje-clay	
			Calcaires coralliens	
			Oxford-clay	Cycadées de Villers-sur-mer (Calvados) et de Poitiers (Vienne).
		inférieur	grande Oolithe	Flore de Mamers (Sarthe) : cycadées, conifères, fougères.
			Oolithe inférieure	
			Lias	Cycadées de Tournay-sur-Odon (Calvados). Lias moyen.
TERRAIN PALÉOZOÏQUE.	Carboniférien			Flore supra-houillère de St-Pierre-Lacour (Mayenne). Flore anthracifère de Solesmes (Sarthe).
	Dévonien			
	Silurien	supérieur		
		moyen (zone à *Calymene Tristani)*		Première flore terrestre. *Eopteris* d'Angers.
		inférieur (quartzites inférieurs)		Bilobites (algues unicellulaires) du grès armoricain. Tigillites.
	Cambrien			
	Laurentien			

TABLE DES MATIÈRES

CHAPITRE II

CHAPITRE III

CHAPITRE IV

Rennes. imprimerie E. BARAISE et Cie, place Saint-Michel, 7.

www.ingramcontent.com/pod-product-compliance
Ingram Content Group UK Ltd.
Pitfield, Milton Keynes, MK11 3LW, UK
UKHW020332250726
13967UKWH00005B/1987

9 782013 271080